PETIT
COURS D'AGRICULTURE
A L'USAGE
DES ÉCOLES PRIMAIRES

PAR

E. SIREYZOL

Breveté du degré supérieur.

> Ah! loin de tous ces maux que le luxe fait naître,
> Heureux le laboureur, trop heureux s'il sait l'être!
> La terre libérale et docile à ses soins
> Contente, à peu de frais, ses rustiques besoins!
>
> VIRGILE, trad. par DELILLE.

PARIS

IMPRIMERIE ET LIBRAIRIE JULES BOYER

11, RUE NEUVE-SAINT-AUGUSTIN, 11

—

1875

L'origine de l'agriculture remonte à celle de l'humanité.

Jadis, nos pères attachaient le plus grand intérêt à cet art et, quel que fût leur rang, ils se faisaient honneur de se livrer eux-mêmes à la culture de leurs biens patrimoniaux.

Chez les Romains, les grands de la République traçaient des sillons (1).

Dans nos temps modernes, des hommes non moins célèbres (2) ont fait prendre à l'agriculture cet élan qui la porte si loin.

Aussi, partout aujourd'hui, on vante son

(1) Cincinnatus, nommé consul, quitte un moment sa charrue, et ne se croit pas humilié de la reprendre quand le temps de sa charge est écoulé.

(2) Olivier de Serres, Sully, de La Quintinie, l'abbé Rozier, Franklin, Parmentier, Mathieu de Dombasle, etc.

importance, on signale ses progrès, on admire ses largesses, et on est heureux d'y applaudir comme à un bonheur public.

La carrière agricole lègue à la France des bras forts et vigoureux, des hommes animés de ces sentiments qu'inspirent la foi religieuse et l'amour de la patrie.

Sous la haute impulsion d'une auguste initiative, ces hommes paisibles et laborieux s'attachent à rendre, de jour en jour, l'agriculture, cette mère nourricière dont les mamelles sont si fécondes, encore plus florissante.

Ils recueillent ainsi l'estime et la considération de leurs concitoyens ; de plus, ils voient prospérer leurs labeurs et à notre cher Pays qu'ils doivent tant aimer, ils assurent de nouveaux éléments de richesse, de prospérité et de grandeur !

E. S.

PETIT

COURS D'AGRICULTURE

Ire LEÇON

Nature des Terres

1. *Qu'est-ce que l'agriculture?*

L'agriculture est l'art de cultiver la terre et de la rendre fertile.

Pour le cultivateur, l'agriculture est un art; elle est une science pour l'agronome (1).

2. *Est-il nécessaire de connaître la nature des terres et pourquoi?*

Il est très-nécessaire de connaître la nature des terres afin de les classer en diverses espèces pour entretenir leur fertilité.

(1) L'agriculture s'est constituée à l'état de science, depuis qu'elle s'appuie sur les découvertes de la chimie, de la physique, de la physiologie végétale, et depuis qu'elle a appelé la mécanique à son aide.

3. *La couche de terre arable qui s'étend sur la surface de notre globe n'est-elle pas la même partout ?*

Non, elle varie à chaque pas d'épaisseur, de couleur et de nature.

4. *De combien de parties est composée la terre labourable ?*

La terre labourable est composée de trois parties élémentaires (1).

5. *Quelles sont ces parties ?*

Ce sont : le sable, l'argile et le calcaire.

6. *Outre ces trois terres, quelle est la matière qui entre dans la composition du sol ?*

C'est une matière qu'on nomme humus.

7. *Comment reconnaît-on la terre sablonneuse ?*

La terre sablonneuse ou siliceuse est rude au toucher, manque de liaison et est principalement composée de débris plus ou moins fins de grès, de roches, etc.

8. *Comment reconnaît-on la terre argileuse ?*

La terre argileuse ou terre glaise est douce et onctueuse au toucher, se pelotonne et se pétrit lorsqu'elle est humide, durcit et se crevasse par la chaleur.

9. *Comment reconnaît-on la terre calcaire ?*

La terre calcaire ou marneuse est assez légère et

(1) Quoique en agriculture on appelle ces parties élémentaires, elles sont réellement composées d'une infinité de corps.

d'une couleur ordinairement blanche. Elle bouillonne quand on verse dessus du vinaigre ou quelque autre acide.

10. *Quelles sont les différentes propriétés de ces terres ?*

(*a*) La terre sablonneuse s'échauffe très-facilement; elle est d'une culture facile, mais dans les années sèches elle devient infertile. On doit la fumer à de fréquentes reprises, mais peu à la fois.

(*b*) La terre argileuse absorbe difficilement l'eau, mais la retient longtemps et retarde son évaporation.

Pour la travailler, elle fait le désespoir du cultivateur. Elle exige une plus grande quantité d'engrais que les terres légères; mais elle se ressent plus longtemps de leur action.

(*c*) La terre calcaire se dessèche très-vite et décompose les engrais avec une très-grande promptitude.

11. *Ces trois terres sont-elles productives ?*

Très-peu lorsqu'elles sont pures ; mais elles deviennent d'une fertilité étonnante, lorsqu'elles sont mélangées et fumées convenablement.

12. *De quoi est formé l'humus ?*

L'humus ou terreau est formé de débris de corps organisés, animaux et plantes.

13. *Quelle est sa couleur et comment le reconnaît-on ?*

L'humus est toujours noir ou brun foncé. Il est léger, poreux et se dessèche promptement. Pour former l'humus, il faut que les matières végétales ou animales soient pourries ou décomposées à la surface du sol ou à une très-petite profondeur.

14. *Qu'appelle-t-on sols composés?*

On appelle sols composés ceux qui résultent du mélange des trois terres élémentaires.

15. *Par quel nom désigne-t-on un sol composé ?*

On le désigne par le nom des terres qui y dominent; ainsi on dit qu'une terre est argilo-sablonneuse si l'argile et le sable s'y rencontrent dans des proportions égales.

Par la même raison, on dit qu'une terre est argilo-calcaire, argilo-marneuse, sablo-calcaire, argilo-magnésienne, etc.

On peut corriger l'excès de sable par l'argile, et l'excès d'argile par le calcaire.

16. *Qu'appelle-t-on terre tourbeuse ?*

La terre tourbeuse est une substance noirâtre qui n'est pas assez décomposée pour former de l'humus.

17. *Où rencontre-t-on la tourbe?*

On la rencontre le plus souvent dans les prairies humides et de mauvaise qualité (1).

18. *Qu'appelle-t-on sol?*

On appelle sol la couche de terre arable qu'on cultive.

19. *Qu'appelle-t-on sous-sol ?*

On appelle sous-sol la terre qui se trouve sous la couche de terre labourable.

(1) La tourbe est une matière combustible.

20. *Le sous-sol est-il toujours composé de sable, d'argile ou de calcaire ?*

Non ; il arrive parfois qu'il e t composé d'une pierre noirâtre, tendre et feuilletée appelée schiste ou tuf. Le schiste rouge appelé pierre de cahot est un sous-sol très-nuisible.

21. *Qu'appelle-t-on terres d'alluvion ?*

On appelle terres d'alluvion des couches riches et profondes qui se trouvent aux bords des rivières et des ruisseaux.

IIe LEÇON

Amélioration des Terres

1. *De quelle façon améliore-t-on la terre ?*

On améliore la terre par deux moyens principaux.

2. *Quel est le premier ?*

Le premier est d'épierrer, de défoncer, de dessécher le terrain, d'ameublir le sol et de faire des clôtures et des défrichements.

3. *Quel est le second ?*

Le second consiste dans l'emploi des amendements et des engrais nutritifs.

4. *Qu'appelle-t-on défoncements ?*

On appelle défoncements des opérations qui ont pour but d'augmenter la couche de terre végétale.

5. *Comment assainit-on la terre où l'eau séjourne ?*

Par le moyen d'irrigations et par le drainage.

L'irrigation quintuple la valeur et le produit ; mais le drainage est toujours préférable.

6. *Qu'est-ce que le drainage ?*

Le drainage est l'ensemble des opérations qui ont pour but le desséchement du sol.

7. *Combien connaît-on de procédés d'égouttement ?*

On peut les grouper en trois catégories : les tranchées souterraines, garnies de pierrailles ou de fascines, dont les Romains faisaient grand usage; les tuyaux et puis les fossés d'écoulement à ciel ouvert.

8. *Quels sont les effets du drainage ?*

Il débarrasse le sol des eaux stagnantes, et la terre ainsi débarrassée d'une humidité surabondante devient plus friable et par conséquent plus facile à travailler. Le drainage contribue puissamment à fertiliser le sol.

9. *Comment ameublit-on le sol ?*

On ameublit le sol au moyen des labours, des hersages et des substances qui le divisent comme les fumiers pailleux.

10. *Comment défriche-t-on la terre ?*

On la défriche de deux manières : au moyen de l'écobuage et des labours.

11. *Comment fait-on pour écobuer ?*

On enlève avec une large houe la surface du sol qu'on fait brûler après l'avoir fait sécher.

Toutefois, cette opération ne produit de bons effets que dans les terres argileuses.

12. *Combien y a-t-il d'espèces de labours ?*

Il y a deux espèces de labours : le labour à plat et le labour à billons.

On laboure à plat en renversant la terre du même côté.

Le labour à billons consiste à adosser plusieurs raies, la moitié dans un sens, l'autre dans un sens opposé.

13. *En quoi consiste l'amendement ?*

L'amendement consiste à améliorer le sol au moyen de la marne, de la chaux et du plâtre.

14. *Quel effet produit la marne ?*

La marne donne de la liaison au sol ou le divise suivant que l'argile et le sable s'y trouvent en plus ou moins grande quantité ; puis elle décompose les matières que la terre renferme. La quantité de marne à employer varie selon les terrains. Il est évident que les terrains compactes et humides en supportent plus que ceux qui sont légers.

15. *Quel effet produit la chaux et comment l'emploie-t-on ?*

L'action de la chaux est très-excitante ; elle agit plutôt comme dissolvant que comme substance nutritive.

Le moyen de l'employer est de transporter dans le champ qu'on veut amender quarante hectolitres, soixante même par hectare, selon qu'il est plus ou moins argileux. Ensuite, après l'avoir disposée en petits tas, on l'étend le plus uniformément possible, et il est très-important que la pluie ne survienne pas avant qu'elle ait été enfouie par un léger labour.

16. *Quel effet produit le plâtre ?*

Le plâtre agit plutôt sur les plantes elles-mêmes que sur le sol. Il excite la végétation ; aussi il doit être appliqué sur les feuilles. La quantité à semer par hectare est de trois hectolitres.

Le plâtre se sème par un temps humide ou le matin après une assez forte rosée.

Le plâtre produit sur le trèfle surtout des résultats magiques.

17. *Combien y a-t-il d'engrais et quels sont-ils ?*

Il y en a de deux sortes : les engrais végétaux et les engrais animaux. Les engrais végétaux sont les feuilles et les plantes enfouies en vert. Les engrais animaux, ou fumiers proprement dits, sont composés d'excréments des animaux et des matières végétales.

18. *Combien y a-t-il d'espèces de fumiers proprement dits ?*

Il y en a de deux espèces : ceux des chevaux et des bêtes à laine, ou fumiers chauds, et ceux des bêtes à cornes, ou fumiers froids. Les fumiers chauds conviennent dans les terres argileuses, qui sont toujours humides et froides, et les fumiers froids dans les terres sablonneuses et calcaires.

Lorsque les terres sont d'une consistance moyenne, on doit mélanger le fumier des différents animaux.

19. *De quoi dépendent la quantité et la qualité des fumiers ?*

Elles dépendent : 1° de la quantité et de la qualité de fourrage consommé ; 2° de la nature de la litière ; 3° de leur bonne manipulation.

20. *Quelle est la qualité du fumier des bêtes à cornes ?*

Le fumier des bêtes à cornes se maintient longtemps dans le sol et est convenable à presque toutes les cultures.

21. *Quelle est la qualité du fumier de cheval ?*

Le fumier de cheval est très-énergique; il exige proportionnellement une moins grande quantité de litière que le fumier des bêtes à cornes.

22. *Quelle est la qualité du fumier de mouton ?*

Le fumier de mouton est un des plus substantiels. Il faut bien peu de litière pour le recueillir.

23. *Quelle est la qualité du fumier de porc ?*

Le fumier de porc n'est bon que lorsque la fermentation lui a enlevé l'âcreté contenue dans l'urine des cochons.

24. *Quelle est la manière la plus simple de travailler le fumier ?*

La manière la plus simple de travailler le fumier est de le disposer sur un terrain entouré de petites rigoles.

Dans une fosse où l'humidité est très-grande, la partie inférieure se décompose mal ; dans d'autres cas, si on n'a pas la précaution d'arroser la partie supérieure, le fumier brûle et blanchit.

Un cultivateur intelligent obvie très-bien à ces deux inconvénients, et met son fumier à couvert afin que la pluie n'enlève point les bons sels.

25. *Quels sont les engrais les plus puissants ?*

Ce sont : la colombine, la fiente de volaille, les matières fécales ou excréments humains dont on fait la poudrette, le fumier des animaux dont nous venons de parler, en un mot toutes sortes de déjections.

Dans certaines exploitations on emploie, pour améliorer la terre, le noir animal, le guano.

En parquant les moutons, on obtient sur place du fumier beaucoup plus actif que celui qu'on recueille dans les bergeries.

Le purin est tout simplement le jus du fumier dont on arrose les prairies.

Un mélange de fumier, de fange et de détritus s'appelle compost.

IIe LEÇON.

Instruments aratoires et Outillage.

1. *Avec quoi cultive-t-on la terre?*

On emploie pour cultiver la terre différents instruments qu'on divise en deux classes : 1° ceux qui remuent la terre à une grande profondeur ; 2° ceux qui ameublissent le sol à la surface.

Les premiers agissent à la manière des charrues ; les seconds fonctionnent à la manière des herses.

2. *Qu'est-ce que la charrue?*

La charrue est l'instrument le plus utile et le plus employé en agriculture.

L'ajustage de cet instrument, admirable de simplicité, demande beaucoup de précision.

Ses pièces sont : le *versoir*, qui, à raison de sa forme concave, sert à retourner la bande de terre coupée verticalement par le *coutre* et horizontalement par le *soc*; le *sep* qui glisse sur la terre afin de tenir l'instrument plus d'aplomb ; le *régulateur*, qui règle l'entrure de la charrue et modifie la largeur de la raie ; l'*âge*, qu'on appelle aussi *haie* ou *flèche*, est une longue pièce de bois qui supporte toutes les autres ; les *mancherons* servent à diriger l'instrument; le bâton placé au milieu des mancherons s'appelle *caquetoire*. On appelle *frion* une lame de fer attachée au côté de la charrue; les *étançons* sont des boulons qui fixent le sep à l'âge.

Les autres instruments agissant à la manière des charrues sont : la charrue sur avant-train, la défonceuse, l'araire, etc.

3. *Qu'est-ce que la herse?*

La herse est un instrument qui sert à ameublir la surface du sol et à enterrer les semences ; la herse est un grand râteau; ses dents sont en fer ou en bois : elles doivent être assez écartées les unes des autres pour que les mottes et les herbes ne s'y engagent pas.

Les herses peuvent être indifféremment construites en carré, en triangle ou en losange.

Les autres instruments fonctionnant à la manière des herses sont ; l'extirpateur, le scarificateur, la houe à cheval, le rouleau, le buttoir, etc.

Parmi l'outillage, il y a la pelle, la pioche, la houe, la bèche, le hoyau, la serfouette, le râteau, la faux, la faucille, la sape, etc., etc.

Pour sarcler le blé, le meilleur instrument est celui qu'on appelle ratissoire : c'est une lame bien tranchante dont le bout forme une douille destinée à recevoir un long manche.

Parmi les instruments aratoires, les uns sont mus à bras d'hommes et les autres par les bêtes de trait.

Les charrettes, les chariots, les tombereaux, les brouettes et les civières doivent être toujours en bon état.

La moissonneuse, la faucheuse, la faneuse, la batteuse, le tarare, etc., sont indispensables dans une grande exploitation.

IVe LEÇON.

Céréales.

1. *Que désigne-t-on sous le nom de céréales?*

Sous le nom de céréales, on désigne le froment, l'orge, le seigle, l'avoine, le sarrasin, le maïs.

Ces plantes et celles qui croissent et se développent de la même manière sout de la famille des graminées.

On les reconnaît à leurs feuilles engaînantes et au chaume entrecoupé de nœuds.

Blé ou Froment.

En thèse générale, les blés blancs sont les meilleurs et les plus cultivés ; ils aiment une terre argileuse et riche en humus.

On cultive un très-grand nombre de variétés de froment; on ne comprend toutefois dans la culture que deux grandes classes, savoir : les blés fins ou sans barbe et les gros blés, ou blés barbus, que l'on désigne aussi sous le nom d'épeautres. On doit préférer les blés fins.

On sème de 200 à 250 litres de froment par hectare.

Sur la partie ensemencée ou emblave, on doit passer la herse ou bien l'araire.

Aussitôt que le froment est semé, on doit tirer des raies d'écoulement là où les pentes du terrain l'indiquent.

Les semailles de froment doivent se faire du 1er octobre au 15 novembre ; au printemps, on le sarcle.

On le moissonne lorsque le grain de froment est dur et que la paille est jaune. La moisson est un des travaux rustiques qui exigent le plus d'activité et de célérité.

On coupe le froment à la faucille, on le lie en gerbes, puis on le dispose en moyettes ou viottes, et ensuite en meules.

Dans les petites exploitations, on le bat au fléau.

Avant d'ensemencer le blé, il est bon de le chauler, afin de le guérir des maladies qu'il pourrait avoir, comme celle appelée carie, qui le désorganise et le rend improductible. On peut même remplacer la chaux par du vitriol.

Lorsque le blé est dans le grenier, son plus redoutable ennemi est un petit insecte appelé calandre, charançon ou becmore.

Orge.

L'orge aime une terre légère, meuble, riche et fraîche. On compte cinq à six espèces d'orge : les principales sont : l'orge d'hiver ou escourgeon, la grande orge, la petite orge, l'orge nue, etc.

Le pain d'orge, quelques soins qu'on apporte à sa confection, est toujours rude et grossier.

L'orge d'hiver se sème en octobre; son grain est recherché des brasseurs pour la fabrication de la bière.

On sème les autres espèces d'orge vers la dernière quinzaine d'avril. On emploie environ 2 hectolitres de grain par hectare.

On appelle orge mondé l'orge dont la pellicule est enlevée, et orge perlé l'orge entièrement dépouillée de son enveloppe et arrondie par la meule. (Dans ce cas, le mot orge est masculin.) (ACAD.)

Seigle.

Le seigle réussit dans tous les terrains, quelque médiocres qu'ils soient.

D'un mélange de blé et de seigle, auquel l'on donne le nom de méteil, on fait du pain d'un goût agréable.

La paille de seigle ou glui est d'une grande utilité dans une exploitation agricole.

On sème le seigle, de septembre en novembre, à raison de 2 hectolitres à 2 hectolitres et demi par hectare.

Avoine.

On cultive deux espèces d'avoine : la blanche d'hiver et la noire de printemps; elles préfèrent les terres argileuses à celles qui sont légères.

La température influe considérablement sur la production de l'avoine. Un temps alternativement chaud et humide est celui qui lui convient le mieux.

L'avoine est un aliment précieux pour les chevaux, les agneaux, la volaille, etc.

Elle se sème en mars, à raison de 2 à 3 hectolitres par hectare.

Sarrasin ou Blé noir.

Le sarrasin réussit très-bien dans les terres légères;

la semaille ne doit avoir lieu qu'à la fin de mai ou au commencement de juin ; il en faut un hectolitre par hectare.

La floraison du sarrasin dure très-longtemps. Cette fleur est très-recherchée des abeilles et leur fournit une riche pâture.

Maïs ou Blé de Turquie.

Le maïs se contente des sols les plus dissemblables ; en revanche, il exige une terre profondément remuée, bien fumée, et des soins constants. On le sème au printemps.

Ve LEÇON.

Plantes sarclées et légumineuses.

1. *Qu'appelle-t-on plantes sarclées?*

On appelle plantes sarclées celles dont la culture exige des sarclages et des binages.

Ces plantes sont : les pommes de terre, les betteraves, les navets, les choux, les carottes, etc.

Pommes de terre.

La pomme de terre est originaire des parties montagneuses du Pérou et de la Colombie ; elle ne fut importée en Espagne que vers la fin du xve siècle. Le célèbre agronome Parmentier en a naturalisé la culture en France.

La pomme de terre, dont l'usage est aujourd'hui si universel, constitue la meilleure ressource des habitants des campagnes.

Toutes les terres conviennent à sa culture. Toutefois,

il faut qu'elles soient ameublies par plusieurs labours et fortement fumées. Les façons d'entretien se bornent ensuite à des sarclarges, à des binages et à des buttages.

Pour la plantation de la pomme de terre qui a lieu dans le courant d'avril, il faut choisir des tubercules sains, de moyenne grosseur, et éviter de les couper par morceaux. On convertit la pomme de terre en fécule au moyen de trois opérations, qui consistent à la laver, la râper et à la faire sécher.

Betteraves.

Les betteraves sont de précieuses ressources pour la nourriture des animaux pendant l'hiver. Elles préfèrent pour leur culture les sols argileux, quoique cependant elles réussissent dans presque toutes les terres.

On les sème de deux manières : en pépinière ou à demeure. En pépinière, la semaille doit avoir lieu vers le commencement du printemps ; le plant doit être repiqué en mai.

Famille des Navets.

RAVES, TURNEPS, RUTABAGAS, CHOUX, CAROTTES, PANAIS, TOPINAMBOURS.

Toutes ces plantes sont recommandables à plusieurs titres. Les raves, les turneps, les ratabagas, les choux réussissent très-bien dans les terres nouvellement défrichées.

Les raves se sèment comme récolte dérobée, c'est-à-dire après une céréale, en juin ou en juillet. Les racines sont consommées en automne et en hiver.

On cultive les carottes dans les terrains un peu sablonneux.

Les topinambours viennent facilement à l'ombre ou au soleil.

2. *Pourquoi emploie-t-on la méthode des silos ?*

On emploie la méthode des silos pour conserver les racines des plantes sarclées.

3. *Comment pratique-t-on les silos?*

On creuse une fosse d'une longueur, d'une largeur et d'une profondeur indéterminées. On la remplit ensuite de racines qu'on doit disposer avec le plus grand soin de façon que le tas offre deux plans inclinés réunis à leur sommet et recouverts d'un lit de paille qu'on enveloppe d'une couche de terre de quelques centimètres d'épaisseur. Autour du tas on doit creuser des petits fossés plus profonds que la fosse pour l'écoulement des eaux.

Par ce procédé, très-simple d'ailleurs, les pommes de terre, les betteraves, etc., se conservent parfaitement.

Les plantes légumineuses sont : les haricots, les fèves, les pois, les lentilles, etc., etc.

VIe LEÇON.

Prairies.

1. *Combien y a-t-il de sortes de prairies ?*

Il y en a de deux sortes : les prairies naturelles et les prairies artificielles.

2. *Qu'entend-on par prairies naturelles ?*

Par prairies naturelles on entend celles qui se forment ou se soutiennent ordinairement sans le concours des travaux de l'homme. Elles sont composées de différentes espèces d'herbes dites des graminées qui constituent le meilleur fourrage, telles que les vulpins, la flouve, la fléole, le phalaris, la paspale, la houque, le paturin, l'ivraie, etc., etc.

Au printemps on doit stimuler la végétation des prés par des amendements, détruire les chardons et les mousses ; enfin déclarer aux taupes une guerre à outrance.

Des amendements de plâtre, de cendre, de suie, contribuent très-efficacement à l'amélioration des prairies.

3. *Qu'entend-on par prairies artificielles ?*

Par prairies artificielles on entend celles qui sont composées de trèfle, de luzerne, de sainfoin, de vesces, de chicorée, de ray-grass, d'ajonc, etc.

Les prés naturels ou prés permanents restent prés pendant cinquante, cent ans; tandis qu'une prairie artificielle ne dure que deux ans environ.

Trèfles.

On distingue plusieurs espèces de trèfles. Nous ne dirons ici qu'un mot du trèfle commun et du trèfle incarnat.

Le trèfle commun aime une terre argileuse, une terre substantielle. On le sème au printemps et on l'adjoint presque toujours à une céréale.

Le trèfle incarnat ou farouch, reconnaissable à ses fleurs d'un rouge éclatant, se sème sur un chaume ou éteule à la même époque que les navets.

Tous les terrains lui conviennent.

LUZERNE, SAINFOIN, VESCES, RAY-GRASS, CHICORÉE, AJONC.

La luzerne est un bon et abondant fourrage ; elle veut un sol riche ; elle redoute l'humidité stagnante et les fonds arides. La semaille se fait en mars et en septembre.

Elle donne trois coupes au moins.

Le sainfoin ou esparcette est un très-bon fourrage ; les sols calcaires et crayeux lui conviennent très-bien.

Les vesces préfèrent une terre un peu argileuse.

Le ray-grass, la chicorée, l'ajonc et même la lupuline, la gesse, sont d'excellents fourrages qui se contentent des terrains les plus médiocres.

Fenaison.

On ne doit faucher les prairies naturelles que lorsque la plupart des plantes qui les composent sont en pleine fleur, car plus tard elles perdent beaucoup de leurs qualités nutritives. Ensuite on laisse le foin en andains pendant une journée, puis on l'étend au soleil. On le fane plusieurs jours et on reconnaît qu'il est sec, lorsque les brins les plus gros ne présentent plus d'humidité.

La pluie et la rosée, si on n'a pas soin de faire de petit tas, enlèvent au foin son parfum et sa couleur verte.

Le regain est la seconde coupe des prés naturels.

On fauche également les prairies artificielles dès que les plantes qui les composent sont fleuries.

Les pâturages sont des terrains incultes où croît

un peu d'herbe qu'on ne fauche pas. On y mène paître les brebis.

VIIe LEÇON.

Assolements.

1. *Qu'entend-t-on par assolements ?*

Par assolements, on entend l'art de faire succéder sur le même sol des végétaux différents pour en tirer le meilleur parti possible.

Un champ se fatigue bientôt de donner sans interruption la même récolte. Lorsqu'un grand nombre de végétaux ont tiré d'un terrain toute la matière extractive, l'épuisement du sol a lieu et l'effritement lorsqu'une plante détermine sa stérilité.

On doit remplacer une plante épuisante par une autre améliorante, comme le trèfle par exemple, qui fume au moyen de ses débris.

Cette rotation de culture forme le système des assolements.

ASSOLEMENT QUADRIENNAL (1).

DIVISION OU SOLE	1re année	2e année	3e année.	4e année
Nos 1	Plantes sarclées.	Avoine.	Trèfle.	Blé.
2	Trèfle.	Blé.	Plantes sarclées.	Avoine.
3	Avoine.	Trèfle.	Blé.	Plantes sarclées.
4	Blé.	Plantes sarclées.	Avoine.	Trèfle.

(1) L'assolement alterne est généralement adopté.

2. *Qu'est-ce que c'est que mettre un champ en jachère ?*

Mettre un champ en jachère, c'est le préparer pour la récolte suivante par des labours réitérés ; jusque-là il s'appelle champ en repos ou guéret.

La jachère a l'avantage de purger complètement la terre des mauvaises herbes. On peut la remplacer par les prairies artificielles.

VIIIe LEÇON.

Plantes industrielles.

1. *Qu'exigent la plupart des plantes oléagineuses, textiles, tinctoriales ?*

La plupart des plantes oléagineuses, textiles, tinctoriales exigent pour leur culture un sol riche, bien ameubli et bien fumé. Ces plantes ne peuvent être livrées à la vente sans qu'elles aient subi au préalable certaines préparations.

Plantes oléagineuses.

On entend par plantes oléagineuses celles dont la graine contient de l'huile. Ces plantes sont le colza, le pavot, la caméline, la navette et le tournesol.

Le colza est une espèce de chou. Il y en a de deux variétés, celle d'hiver et celle de printemps ; l'une se sème au mois d'août, l'autre en mars. Il lui faut un sol riche. L'huile de colza sert à l'éclairage et à la fabrication des savons noirs. Comme le colza, le pavot ne prospère que dans un terrain fertile, meuble et bien préparé. L'huile de pavot est douce, sans odeur. Elle est caractérisée par un goût de noisette très-prononcé.

La caméline s'accommode de tous les terrains, mais son huile est inférieure à celle du colza.

La navette, le tournesol, la julienne, la moutarde, l'euphorbe, le ricin sont des plantes oléagineuses qui se contentent des terrains les plus médiocres.

Plantes Textiles

Les plantes textiles sont ainsi nommées parce qu'elles contiennent des filaments assez longs et assez forts pour être convertis d'abord en fil, ensuite en toile. Les plantes filamenteuses par excellence sont, pour la France, le chanvre et le lin.

Lors même qu'on parviendrait à naturaliser le coton, le chanvre et le lin auraient toujours le premier rang.

Le phormiun-tenax ou lin de la Nouvelle-Zélande, l'agave, l'alcie, le mûrier, les orties fournissent des filaments.

Nous ne dirons qu'un mot seulement sur le chanvre et sur le lin.

Le chanvre est une plante dioïque, c'est-à-dire dont les individus sont mâles ou femelles.

Pour donner de bons produits, le chanvre exige impérieusement une excellente terre. Les terrains d'alluvion lui conviennent beaucoup.

Lorsque le chanvre mâle est défleuri, qu'il commence à jaunir, on l'arrache brin à brin, on lie les pieds en petites bottes et on les submerge trois jours après dans un ruisseau ou une rivière. Cette opération s'appelle rouissage.

On n'arrache les femelles qu'un mois plus tard.

On retire le chanvre de l'eau lorsque la substance gommeuse qui lie ses fibres est dissoute,

Le lin est difficile sur le choix du terrain. Il lui faut une terre très-substantielle et une grande masse de fumier.

Il fournit un fil moins long que le chanvre, mais plus soyeux.

La gomme du lin est beaucoup moins tenace que celle du chanvre, aussi son rouissage doit être beaucoup moins prolongé.

Pour le lin, on peut substituer au rouissage par immersion le rorage ou sarcinage. De cette façon, on étend sur un pré la récolte du lin qu'on laisse exposée à l'action alternative de la pluie, de la rosée et du soleil jusqu'à ce que la gomme soit complétement dissoute.

Pour extraire la filasse du chanvre et du lin, on commence par en teiller les tiges, c'est-à-dire par les écraser pour en détacher l'enveloppe filamenteuse.

La machine dont on se sert pour teiller se nomme broye.

Les sérançoires sont des clous fixés sur une planche. Ils forment une espèce de peigne sur lequel on passe et repasse la filasse, poignée par poignée, pour la débarrasser de toutes sortes de saletés et pour qu'elle atteigne le degré de souplesse et de finesse nécessaire pour l'usage auquel on la destine.

Plantes Tinctoriales

Parmi les plantes tinctoriales, la grande culture en France en a principalement adopté trois ; ce sont : la garance, la gaude et le pastel.

La garance donne une couleur rouge, la gaude une couleur jaune, le pastel une couleur bleue.

La garance n'acquiert son développement que dans un terrain léger, profond, riche en humus, frais et bien égoutté.

Quant à la gaude, elle s'accommode de tous les sols qu'on lui destine.

Le pastel aime une terre légère et profonde.

On compte encore parmi les plantes industrielles : le houblon, dont les grappes ou cônes servent à la fabrication de la bière, le tabac, etc.

IXe LEÇON

Bâtiments — Animaux

Dans une ferme, il faut : grange, écurie, étables, hangar, et aussi de quoi loger les porcs et la volaille.

Les étables et les écuries doivent être suffisamment vastes et bien aérées. Il faut que le devant ait plusieurs ouvertures et au moins une ouverture opposée pour faire les fonctions de ventilateur et renouveler l'air. On ne doit pas laisser trop longtemps le fumier sous les animaux. Il faut ajouter un peu de litière chaque jour, afin de mettre les bestiaux à l'abri de la saleté. Aussitôt que cette litière est assez imprégnée d'excréments et d'urine, on doit l'enlever. Les miasmes qui s'échapperaient des matières du fumier en fermentation putride se mêleraient à l'air que respirent les animaux et les prédisposeraient à beaucoup d'affections.

Les outils exposés aux injures du temps s'usent vite ; le fer s'y rouille, le bois s'y tourmente et y pourrit. On doit les loger sous le hangar ou appentis.

Dans une ferme, on se ruine si on a trop de bêtes de trait et on s'enrichit si on en a de production, telles que vaches, truies, chèvres, brebis, et même jusqu'aux poules, oies, canards, pigeons, etc., etc.

Chaque ferme devrait aussi avoir un rucher bien exposé et bien peuplé.

On reconnaît l'âge des bêtes à corne à la chute des dents de lait et quelquefois aux anneaux des cornes.

Les bœufs ont huit dents incisives à la mâchoire inférieure ; la mâchoire supérieure en est totalement dépourvue. Les dents du milieu, dites pinces, tombent dans deux ans ; les mitoyennes, qui sont des deux côtés, tombent dans trois ans, et enfin les coins, vers quatre à cinq ans.

Outre les produits qu'on retire des bêtes à cornes pour le lait et la viande, on les emploie avec grand avantage pour la culture. — Quand le trèfle est jeune et tendre, il ne faut pas le leur donner en trop grande quantité, parce qu'il en résulte des accidents très-graves ; entre autres, la *météorisation* ou gonflement du flanc gauche.

Les bêtes à laine sont comme les bêtes à cornes exposées à la météorisation, de même que tous les ruminants. On ne doit pas non plus les faire pâturer lorsque la chaleur est trop forte ni les laisser pacager dans les prairies marécageuses.

Dans le premier cas, elles attrapent le sang de rate; dans l'autre, la cachexie aqueuse ou pourriture.

Xe LEÇON.

Vigne.

La vigne est originaire de l'Asie centrale. C'est une plante vivace qui se reproduit avec une grande facilité par ses sarments et par le provignage.

Elle fut introduite dans les Gaules par les Phocéens.

La vigne prospère dans toutes les contrées situées au sud de la France; cependant les pays qui ont pour voisinage de hautes montagnes sont réfractaires à sa culture. On doit choisir des coteaux parfaitement exposés, bien abrités et donner artificiellement à la vigne la somme de chaleur que lui refuse le climat en taillant très-court, afin de mettre à profit la réverbération du sol.

Plus on s'avance dans le nord, plus la vigne doit être réduite dans ses dimensions et rapprochée de la terre.

Si on veut obtenir des raisins d'une maturité parfaite et possédant des qualités vinifères, on doit la tailler selon qu'elle est plus ou moins frileuse ou précoce.

La vigne donne partout des preuves de la vigueur de sa végétation. Elle atteint un développement prodigieux, puisqu'on la voit quelquefois couronner de ses pampres la cime des plus grands arbres où elle grimpe et s'accroche avec ses vrilles.

Pour avoir quantité et qualité il faut arrêter les ceps dans leur essor afin de concentrer la séve que fournissent les racines dans un petit nombre de branches.

Parmi les plants de vigne, nous indiquerons : le soumoiseau, le pineau qui est noir, gris ou blanc; le gamay, le meunier, le bourdelas, le muscat, le chasselas. Le pineau produit peu de vin, mais d'une qualité excellente. Le gamay au contraire en produit beaucoup, mais d'une qualité médiocre.

Le muscat, le chasselas sont les espèces qui conviennent le mieux pour la table.

Une série d'opérations a pour effet de provoquer la maturité du raisin ; ce sont : l'épamprement, au moyen duquel on supprime les pousses infertiles qui sortent du vieux bois ; le palissage ou accolage qui consiste à redresser les sarments qu'on attache ensuite à des pieux ou échalas afin de favoriser la circulation de la séve, de l'air et de la lumière.

Parmi nos industries nationales, la culture de la vigne tient incontestablement le premier rang, et cet arbrisseau dont le produit est si précieux en même temps qu'abondant est sans contredit un des plus riches dons que nous ait faits la Providence.

APPENDICE.

Plantes parasites, plantes nuisibles aux récoltes.

Les plantes parasites sont celles qui végètent sur d'autres plantes, ce sont : les orobanches, la clandestine, la cuscute, la persicaire, la nielle, l'ivraie, la brome, le gui, les lichens, les mousses, le lierre, etc.

Les plantes nuisibles aux céréales sont : les coquelicots, la crête-de-coq, la circée, l'érigeron, l'épine-vinette ; celles qui le sont aux fourrages sont : les fougères, les prêles, les laiches, les joncs, la douce-amère, le plantain, la centaurée, la belladone.

Le moyen de détruire ces herbes est de les arracher dès leur jeunesse.

Animaux nuisibles aux récoltes et au bétail.

Parmi les animaux nuisibles aux récoltes nous n'indiquerons que les principaux.

Ceux qui, sans précisément nuire aux récoltes, font des ravages considérables dans la ferme, sont : la fouine, la belette, le putois, la loutre, le renard, le chat sauvage et le loup.

Ces animaux ne sont à craindre que pour le bétail, ceux qui sont à craindre pour les grains, sont : les rats, les souris, le campagnol ou rat des champs, le mulot, le surmulot, etc.

On peut se garantir de ces destructeurs au moyen de piéges.

Les oiseaux nuisibles aux semences, sont : les corbeaux, les pies, les geais, les grives, les merles, etc.

Parmi les mollusques, ce sont : les limaçons, les limaces, l'escargot.

Quant aux insectes, le nombre en est incalculable. Nous citerons seulement : le charançon qui attaque les graminées ; la chenille qui attaque les plantes potagères ; enfin les processionnaires, les pyroles, les pucerons, les fourmis, les sauterelles, les criquets et les hannetons qui font de grands dégâts dans les prairies et les vergers.

INVENTAIRE.

L'inventaire est l'estimation de tous les objets que possède un exploitant ; tels que meubles, immeubles, argent, créances, bestiaux, engrais, instruments, etc. Il consiste à les compter, à les mesurer, à les peser et à les évaluer.

Toute richesse vient du travail pourvu qu'on y joigne l'intelligence, l'ordre et l'économie.

Dans une exploitation on doit toujours agir avec prudence, calculer d'après ses avances et ses ressources pour ne pas s'engager dans des systèmes aventureux ou ruineux et s'exposer à compromettre ainsi sa position, ses intérêts, son avenir.

Une exploitation agricole est en quelque sorte une usine, une manufacture et suivant l'intelligence de celui qui la dirige, elle réussit ou périclite.

E. SIREYZOL.

OMNIA LABORE

TABLE DES MATIÈRES

7.75. — Boulogne (Seine). — Imprimerie JULES BOYER.